Виктор Латышев

Системы автоматизации на базе программируемых контроллеров

AF153202

Виктор Латышев

Системы автоматизации на базе программируемых контроллеров

Проектирование систем управления технологическим оборудованием

LAP LAMBERT Academic Publishing

Impressum / Выходные данные

Bibliografische Information der Deutschen Nationalbibliothek: Die Deutsche Nationalbibliothek verzeichnet diese Publikation in der Deutschen Nationalbibliografie; detaillierte bibliografische Daten sind im Internet über http://dnb.d-nb.de abrufbar.
Alle in diesem Buch genannten Marken und Produktnamen unterliegen warenzeichen-, marken- oder patentrechtlichem Schutz bzw. sind Warenzeichen oder eingetragene Warenzeichen der jeweiligen Inhaber. Die Wiedergabe von Marken, Produktnamen, Gebrauchsnamen, Handelsnamen, Warenbezeichnungen u.s.w. in diesem Werk berechtigt auch ohne besondere Kennzeichnung nicht zu der Annahme, dass solche Namen im Sinne der Warenzeichen- und Markenschutzgesetzgebung als frei zu betrachten wären und daher von jedermann benutzt werden dürften.

Библиографическая информация, изданная Немецкой Национальной Библиотекой. Немецкая Национальная Библиотека включает данную публикацию в Немецкий Книжный Каталог; с подробными библиографическими данными можно ознакомиться в Интернете по адресу http://dnb.d-nb.de.
Любые названия марок и брендов, упомянутые в этой книге, принадлежат торговой марке, бренду или запатентованы и являются брендами соответствующих правообладателей. Использование названий брендов, названий товаров, торговых марок, описаний товаров, общих имён, и т.д. даже без точного упоминания в этой работе не является основанием того, что данные названия можно считать незарегистрированными под каким-либо брендом и не защищены законом о брендах и их можно использовать всем без ограничений.

Coverbild / Изображение на обложке предоставлено: www.ingimage.com

Verlag / Издатель:
LAP LAMBERT Academic Publishing
ist ein Imprint der / является торговой маркой
OmniScriptum GmbH & Co. KG
Heinrich-Böcking-Str. 6-8, 66121 Saarbrücken, Deutschland / Германия
Email / электронная почта: info@lap-publishing.com

Herstellung: siehe letzte Seite /
Напечатано: см. последнюю страницу
ISBN: 978-3-659-67847-9

Содержание

Введение

Эффективность работы современного технологического оборудования во многом определяется возможностями систем автоматического управления на основе средств вычислительной техники. Компьютерные системы управления играют ключевую роль в промышленности, транспорте и системах связи и защиты окружающей среды. Применение компьютерных систем управления приводит к повышению производительности труда, сокращению количество обслуживающего персонала и улучшению качества выпускаемой продукции, обеспечивая высокую точность ведения технологических процессов. В соответствии с требованиями современной идеологии управления и автоматизации применяются многоуровневые системы управления производством. Нижний уровень составляют датчики, устройства измерения технологических параметров и процессов, приводы и исполнительные устройства, установленные на технологическом оборудовании и предназначены для сбора первичной информации и её преобразования, а также реализации исполнительных воздействий. Следующий уровень управления – программируемые логические контроллеры (ПЛК). ПЛК - это электронные специализированные устройства, работающие в реальном масштабе времени, для автоматизации технологических процессов и производств [13, с.217]. Они выполняют функции непосредственного автоматического управления технологическим процессом, машиной, агрегатом или механизмом. Управление исполнительными органами осуществляется по определенным алгоритмам путем обработки данных о состоянии технических и технологических параметров объекта управления, полученных посредством измерительных преобразователей, приборов и установок. В качестве основного режима работы ПЛК выступает его длительное автономное использование, зачастую в неблагоприятных условиях окружающей среды, без серьёзного обслуживания и практически без вмешательства человека.

1. Анализ функциональных возможностей и архитектуры систем автоматизации и управления на базе программируемых контроллеров

Основными производителями контроллеров в России являются средние и малые предприятия. Эти небольшие компании пытаются противостоять экспансии зарубежных производителей, среди которых – такие «гиганты», как Siemens, Schneider Electric, Rockwell Automation и Honeywell. Какую же роль в системе автоматизации занимают программируемые контроллеры. Как считает Латышев В.А., современные системы автоматического управления (САУ) применяются для работы с различным специфическим оборудованием — механическим, электрическим, электромеханическим, гидравлическим, пневматическим и электронным. На стадии создания подобной техники все чаще требуются специалисты широко профиля, способные ориентироваться в смежных вопросах на стыке различных областей знания и способные самостоятельно мыслить. Особое значение приобретают теперь вопросы методологии [10, с.172].

Промышленные системы автоматизации и управления являются основными компонентами инфраструктуры современных предприятий, принадлежащим к различным секторам экономики (машиностроение, топливно-энергетический комплекс, металлургическая промышленность, химическая промышленность и др.) и могут включать в себя: системы управления производственными процессами (MES); системы диспетчерского управления и сбора данных (SCADA), а также системы управления, построенные на базе программируемых логических контроллеров (PLC), и др. Обеспечение информационной безопасности промышленных систем автоматизации и управления как критически важных элементов бизнес-процессов, является неотъемлемой частью процесса обеспечения безопасности предприятия в целом.

В настоящее время, при развитии и модернизации предприятий, в промышленных системах внедряются унифицированные технологии (IP/Ethernet), новые сервисы (Виртуализация, IP-телефония, Мобильность и др.), повышается уровень автоматизации технологических процессов и осуществляется интеграция с системами управления предприятием (ERP). В свою очередь, повышение уровня автоматизации может привести и к увеличению вероятности реализации известных угроз, и к появлению новых угроз безопасности.

Важно отметить, что, в течение последних десяти лет, наблюдается значительных рост количества инцидентов и выявленных уязвимостей, а также целенаправленных атак на промышленные системы автоматизации и управления, целью которых являются промышленный шпионаж, мошенничество и нарушение функционирования предприятия.

Среди причин повышенного интереса к выпуску этой продукции можно выделить следующие:

- постепенное возрождение российских предприятий различных отраслей, которым необходима замена устаревших и исчерпавших свой ресурс работы средств автоматизации;
- данная отрасль является наукоёмкой, что позволяет более эффективно использовать научный потенциал, а в нашей стране достаточно специалистов для решения подобных задач;
- в последнее десятилетие появилась возможность использовать мировую элементную базу, что позволяет выпускать устройства на уровне мировых стандартов;
- в ряде случаев потребители систем автоматизации предпочитают изделия отечественных производителей, т.к. это упрощает адаптацию, обслуживание и сопровождение.

В настоящее время отсутствуют нормативные документы, определяющие долю собственных разработанных и произведённых аппаратных или программных средств, при наличии которой считается, что устройство является отечественной разработкой. Существует практика почти 100%-й поставки компонентов OEM (original equipment manufacturer), когда российская компания только переименовывает уже готовую продукцию (осуществляет «ребрендинг»), иногда переупаковывает, а затем продает её под другой маркой. В настоящей монографии подобные схемы не рассматриваются, поскольку при этом в составе контроллеров нет никаких составляющих, внесённых отечественными производителями или разработчиками, и, как правило (в 99 % случаев), в данную категорию попадают импортные изделия.

Учитывая, что значительная часть всех электронных компонентов производится на Тайване, наличие импортных комплектующих в отечественных разработках не является фактором, определяющим принадлежность разработки (особенно, если принять во внимание состояние нашей электронной промышленности). Можно констатировать, что производители сложного электронного оборудования стараются идти следующим путём: те компоненты или готовые блоки, которые невозможно или нецелесообразно производить в России (по технологическим или экономическим причинам), закупаются ими в виде OEM-комплектующих [8, с.117].

Основываясь на опыте разработки сложных систем, могу утверждать, что создать конкурентоспособную продукцию, полностью собранную из OEM-компонентов, не представляется возможным. Как правило, OEM-компонентами являются либо технологически сложные компоненты контроллера, такие как платы центрального процессора (например, очень распространённая в России платформа для контроллеров PC104), либо законченные коммуникационные модули.

Полный цикл разработки и производства собственными силами выгоден в следующих случаях:

- на предприятии достаточно подготовленных кадров для разработки современных технических решений;

7

- имеются необходимые производственные мощности, современное оборудование и персонал, способный соблюдать все нормы технологии производства;
- объём продукции достаточно велик для того, чтобы окупались затраты.

Функциональность программируемых контроллеров зависит не только от аппаратного, но и от программного обеспечения, в котором также широко используются покупные компоненты. Будем считать отечественными контроллерами изделия, в которых часть функций (аппаратных и программных) реализована непосредственно силами отечественной компании производителя.

Космические стартовые комплексы (СК) представляют собой сложнейшие промышленные объекты, в состав которых входят функционально связанные общетехнические, инженерные и специальные технологические системы, а также механические агрегаты, предназначенные для обеспечения и проведения всех видов работ в процессе предстартовой подготовки ракет и при пуске [16, с. 89]. В СК в строгой последовательности выполняются различные и многочисленные технологические операции, начиная от простейших операций стыковки, захвата и перемещения ракет и их частей, кончая сложнейшими операциями заправки ракет компонентами топлива и их запуском. Различного рода блокировки в агрегатах предотвращают возникновение аварийных состояний и осуществляют защиту в критических ситуациях.

Основное оборудование технологических систем космических СК, как правило, сосредоточено в районе стартовой площадки и в технологических блоках вблизи ее, а управление им осуществляется дистанционно, с расстояний, достигающих нескольких километров. Для этого применяются автоматизированные системы управления технологическим оборудованием СК, составляющие единый комплекс управления. Их основу составляют системы логического управления, так как при управлении сложным технологическим оборудованием предстартовой подготовки логические операции преобладают над числовыми операциями.

Исторически технической базой систем логического управления в отечественных стартовых ракетных комплексах, как и в других областях промышленности, являлись различные релейно-контактные устройства, начиная от кнопок и контактных датчиков положения, кончая схемами управляющей логики [16, с.213]. Устройства на механических контактах обеспечивали работоспособность агрегатов и систем в экстремальных условиях эксплуатации космических СК на территории страны. Применение электромагнитных реле позволяло создавать помехоустойчивые системы управления со сравнительно несложной логикой функционирования при невысоких финансовых затратах.

Однако, с развитием ракетной техники, с повышением сложности технологических процессов предстартовой подготовки растут требования к точности и надежности автоматических систем СК, к простоте перестройки алгоритмов управления и быстрой локализации неисправностей, к повышению безопасности эксплуатации оборудования и др.[7, с. 75].

Одновременно все более острой становится необходимость представления оператору в реальном масштабе времени обширнейшей информации о прохождении контролируемого им технологического процесса, повышаются требования к обучению персонала на действующем оборудовании с полной имитацией работы технологических систем.

В этих условиях становятся очевидными недостатки релейно-контактной аппаратуры управления, принципиальные для технологических систем стартовых комплексов:

- сложность и громоздкость аппаратуры, реализующей комплексные алгоритмы;
- жесткая логика управления, значительно усложняющая наладку и обслуживание систем управления;
- большие энергетические и информационные потери на длинных линиях связи;

- отсутствие возможности автоматической регистрации и математической обработки информации, большие затраты ручного труда при построении предыстории событий и процессов;
- отсутствие средств диагностики состояния оборудования систем управления и низкая информативность средств операторского интерфейса.

Переход на электронно-релейную элементную базу позволил создать более совершенные системы управления, допускающие программирование выполняемых технологических процессов и необходимое резервирование. Примером таких систем является комплекс средств управления работой основного оборудования СК ракеты «Протон-К», который обеспечивали в дистанционном или автоматическом режиме управление отдельными агрегатами или технологическими системами объекта по осуществлению ими технологических процессов подготовки ракеты к пуску.

Только применение цифровых вычислительных машин открыло широкие возможности реализации сложных алгоритмов управления технологическими операциями на космических СК. Так в США в рамках проекта «Аполлон» для организации процесса предстартовой подготовки ракеты-носителя «Сатурн-V» и корабля «Аполлон» и последующего пуска ракетно-космической системы была применена централизованная система автоматизированного управления на основе управляющих ЭВМ. Верхний уровень системы управления (ЭВМ в центре управления пуском) выдавал команды, а второй уровень (ЭВМ на стартовой платформе) обеспечивал выполнение этих команд и выдачу информации. В зале управления для каждой ступени или отсека ракетно-космической системы имелись отдельные пульты управления и контроля, позволяющие осуществлять либо выборочную проверку отдельных систем, либо вызов из ЭВМ нижнего уровня программы полной проверки.

Следует отметить, что успешный опыт использования для управления наземным оборудованием СК отечественной вычислительной техники отсутствовал из-за ее низкой эксплуатационной надежности. Однако, развитие ракетно-космической техники немыслимо без использования цифровой вычислительной техники в системах управления СК. Это со всей очевидностью проявилось в проекте многоразовой транспортно - космической системы (МТКС) «Энергия-Буран», в рамках которого были созданы уникальные объекты наземного комплекса. Здесь разработчики отказались от традиционных релейно-контактных систем управления и использовали программируемые вычислительные устройства на основе микропроцессорных комплектов и универсальных вычислительных машин. Был создан комплекс систем и средств управления наземным оборудованием в виде автоматизированной системы управления технологическими операциями (АСУ ТО), имеющей двухуровневую иерархическую структуру.

В низший уровень АСУ ТО были включены локальные системы и средства прямого управления технологическими и техническими системами и агрегатами. При этом была использована современная элементная база с применением средств вычислительной техники, позволивших обеспечить необходимую гибкость логики управления. Высший уровень был построен на базе специализированной управляющей ЭВМ, впервые примененной для централизации и координации управления на всех этапах работ, выполняемых на СК. Это позволило обеспечить высокую степень автоматизации и повышенную надежность при подготовке МТКС к пуску и проведению ее к пуску.

Компьютеры с успехом могут применяться и на подвижных агрегатах СК. В качестве примера можно назвать разработку системы автоматизированного управления и контроля (САУК) параметров температурно-влажностного режима (ТВР) при транспортировании космических аппаратов (КА) к месту старта. Главной задачей при ее создании стал выбор основного ядра САУК - вычислителя, удовлетворяющего требованиям системы. В результате анализа возможных вариантов был выбран *IBM PC* совместимый промышленный компьютер форм-фактора *MicroPC,* укомплектованный соответствующими модулями фирм *Octagon Systems* (США) и *Fastwel* (Россия). Такой вычислитель может работать в весьма жестких условиях эксплуатации: температурный диапазон от -40 до +85 ^{O}C, стойкость к вибрациям до 5 - 10 g, к ударам до 20 - 40 g.

Испытания опытного образца КСД подтвердили выполнение требований технического задания на САУК, в том числе высокую надёжность системы.

2. Исследование принципов организации и методов проектирования аппаратных и программных средств систем управления технологическим оборудованием

Следует отметить, что применение встраиваемых процессорных модулей и плат для автоматизации технологических операций связано необходимостью привлечения профессиональных программистов для разработки программного обеспечения (ПО), которые должны не только в совершенстве владеть техникой программирования, но и хорошо разбираться в автоматизируемых технологических процессах. Если пользователь - программист плохо представляет себе работу объекта управления, это может привести к выходу из строя дорогостоящего оборудования или даже угрожать безопасности персонала. В особенности, это относится к разработке ПО для систем управления космических СК, где программное обеспечение функционирует как единое целое и определяет надежность работы как бортовой, так и наземной аппаратуры многочисленных систем управления. При этом объем ПО для космического СК может достигать многих сотен тысяч кодов (например, программное обеспечение МТКК *Space Shuttle,* включая бортовое программное обеспечение и наземное программное обеспечение автоматизированных систем управления подготовкой и пуском, содержит более 3 млн кодов). В конечном итоге стоимость программного обеспечения РКС может в несколько раз превышать стоимость аппаратных средств.

С этой точки зрения более привлекательными для автоматизации технологических операций в наземном оборудовании СК представляются (ПЛК). Они представляют собой специализированные микропроцессорные устройства локального управления, адаптированные для работы в условиях промышленной среды. В основу архитектуры ПЛК заложена доступность для пользователя построения необходимой аппаратной конфигурации и программирования контроллера без привлечения профессионального программирования. Т.е. технолог, который обычно и является заказчиком автоматизации технологического процесса, в большинстве случаев может самостоятельно справиться с задачей разработки управляющей программы. Естественно, что такой технолог-программист должен обладать достаточными знаниями в области цифровой автоматики и алгоритмизации функционирования управляющих автоматов [8,с. 115].

Будучи установленными на технологическом (полевом) уровне иерархической системы управления ПЛК могут обеспечить выполнение основного алгоритма управления всех систем СК и их взаимодействие. При этом многообразие технологических систем наземного оборудования СК не является препятствием для создания распределенных систем управления, так как сетевые каналы связи позволяет ПЛК обмениваться информацией между собой и передавать ее на верхние уровни управления, где происходит обработка полученной информации и принятие решений. Естественно, централизация обработки информации на верхних уровнях иерархической системы управления потребует участия профессиональных программистов при разработке ПО, которое, однако, не будет связано со спецификой технологических операций предстартовой подготовки [12, с.70].

За почти полувековую историю ПЛК превратились из простейших логических модулей в мультипроцессорные устройства, позволяющие создавать мощные системы управления, работающие в режиме реального времени. Их схемотехника непрерывно совершенствуется, уменьшаются массогабаритные показатели и энергопотребление, увеличиваются быстродействие и надежность работы. Следуя запросам производства, ПЛК приобретают новые функциональные возможности. Например, они управляют такими специализированными исполнительными устройствами, как шаговые приводы, или служат основой интеллектуальных систем на основе fuzzy-логики.

Современные промышленные ПЛК обладают достоинствами, позволяющими применять эти устройства на самых ответственных объектах:

- Высокая отказоустойчивость, обеспечиваемая схемотехнической защитой микроэлектронных компонентов в условиях реальной

14

промышленной среды, для которой характерны мощные электростатические разряды, скачки напряжений, которые могут быть вызваны переходными процессами, и электромагнитные помехи [17, с.169].

- Возможность создания резервированных систем автоматизации с безударным переключением на резервный контроллер в случае отказа основного контроллера, а также систем безопасного управления, исключающих катастрофические последствия при возникновении технологических аварийных ситуаций.

- Развитые сетевые функции, позволяющие реализовать децентрализованную стратегию управления, в которой нет необходимости в мощных ресурсах обработки информации и длинных линиях связи, а управляющие подсистемы могут размещаться вблизи датчиков и исполнительных устройств [12, с.69].

- Защита от неавторизованного управления системой и несанкционированного доступа к системным данным.

- Большое число каналов ввода/вывода (достигающее нескольких сотен и тысяч) с гальванической изоляцией, позволяющей работать с большими синфазными сигналами, вызванными разницей потенциалов «земли».

- Возможность работы в сложных климатических условиях: температурный диапазон от -40 до +125 $^{\circ}$C и пыле - влагозащищенность до IP65 [18, с.42].

ПЛК выпускаются различными производителями средств промышленной автоматизации, среди которых можно выделить ведущие компании: это - немецкий концерн *Siemens,* американская корпорация *Rockwell Automation/Allen-Bradley* и японская корпорация *Omron.* Среди российских производителей ПЛК следует отметить компанию *Fastwel,* выпускающую программируемые контроллеры для различных условий эксплуатации.

Например, REM620 - это специальное интеллектуальное устройство защиты двигателя, предназначенное для защиты, управления, измерения и контроля средних и больших асинхронных двигателей, также требующих наличия дифференциальной защиты, в производственных и перерабатывающих отраслях промышленности. REM620 - устройство защиты и управления семейства Relion®, входит в состав устройств серии 620. Устройства серии 620 характеризуются возможностью функционального расширения и модульным исполнением. Серия 620 предназначена для реализации всего потенциала стандарта МЭК 61850 в части обмена информацией и функционального взаимодействия устройств автоматизации подстанции. COM600 также выполняет функцию шлюза, обеспечивая эффективное взаимодействие между ИЭУ подстанции и системами управления и администрирования на уровне сети, такими как Micro SCADA Pro и System 800xA, см. рис.1.

Таблица 1. Решения от компании АББ

Продукт	Версия
Устройство автоматизации подстанции COM6OO	4.0 SP1 или более поздняя
MicroSCADA Pro SYS 600	9.3 FP2 или более поздняя
System 800xA	5.1 или более поздняя

REM620 содержит функции управления выключателями, разъединителями и заземляющими ножами через переднюю панель ИЧМ или с помощью дистанционного управления. ИЭУ включает в себя два блока управления выключателем. Помимо функционального блока управления выключателем, ИЭУ имеет еще четыре функциональных блока, предназначенных для управления приводом разъединителей или тележкой выключателя. Более того, ИЭУ имеет два блока управления, предназначенных для управления приводом заземляющего ножа. И вдобавок ко всему, устройство включает в себя четыре блока индикации положения разъединителя и два блока индикации положения заземляющего ножа, которые используются для разъединителей и заземляющих ножей, управляемых в ручном режиме.

Регистрируются минимальное, максимальное и среднее значение мощности(P, Q, S) с отметкой времени. По умолчанию записи сохраняются в энергонезависимой памяти.

Функция контроля цепи отключения непрерывно контролирует готовность и работоспособность цепи отключения. Контроль размыкания цепи выполняется как во включенном, так и в отключенном положении выключателя. Кроме того, выявляется потеря оперативного напряжения управления выключателем.

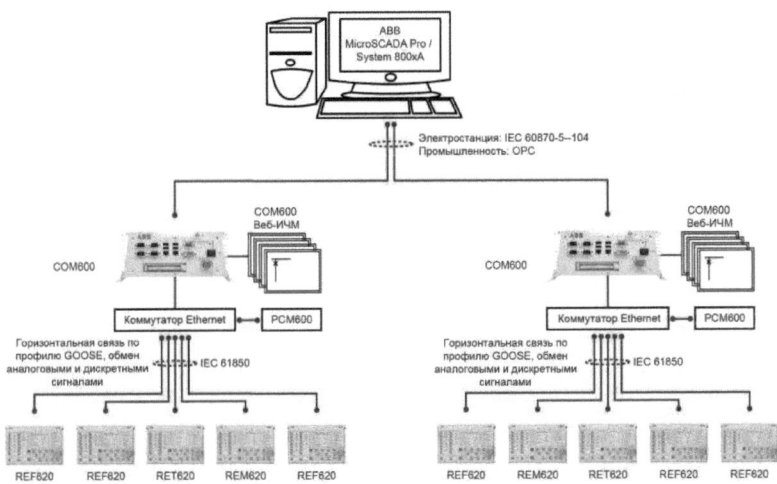

Рис. 1 – Пример промышленной энергосистемы с использованием интеллектуальных электронных устройств, контроллера автоматизации энергосистем COM600 и System 800xA.

Функция контроля цепей переменного напряжения выявляет повреждения между цепями измерения напряжения и устройством. Для обнаружения повреждений используется алгоритм на базе контроля тока и напряжения обратной последовательности или алгоритм на базе контроля скорости изменения напряжения и тока. При обнаружении повреждения функция контроля цепей переменного напряжения активирует аварийный сигнал и блокирует функции защиты по напряжению от непредусмотренного срабатывания [17, с.171].

Функция контроля токовых цепей используется для выявления повреждений во вторичных цепях трансформатора тока. При обнаружении повреждения функция контроля токовых цепей также может активировать светодиод аварийной сигнализации и заблокировать определенные функции защиты во избежание непредусмотренного срабатывания. Функция контроля токовых цепей вычисляет сумму фазных токов полученных от фазных ТТ и сравнивает с измеренным током нулевой последовательности от ТТ нулевой последовательности или отдельных кернов в фазных ТТ. Схемы и обзор функциональных возможностей интеллектуальных электронных устройств, контроллера автоматизации энергосистем COM600 и System 800xA представлены в приложении 1 – 4.

ПЛК охватывают широкий диапазон применений и могут выполняться в различном конструктивном исполнении. Наиболее распространены модульные ПЛК, построенные по магистральному принципу. Они включают в себя модуль центрального процессора и дополнительные модули, обеспечивающие требуемую функциональность контроллера. На рис. 2 в качестве примера показаны две модели промышленных ПЛК, производимых компаниями *Siemens* и *Fastwell*.

К настоящему времени уже имеется опыт применения российских контроллеров *Fastwell* для автоматизации технологических операций предстартовой подготовки РН. В частности, с применением этих контроллеров в ЗАО «СКБ Орион» был создан информационно-управляющий комплекс (ИУК) для управления наземным технологическим оборудованием космического СК РН «Союз» в Гвианском космическом центре (ГКЦ) [1, с.50].

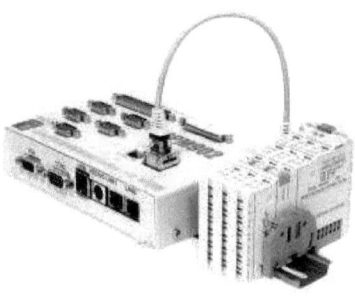

а   б

Рис. 2 – Промышленные программируемые логические контроллеры: а - контроллер *Siemens* S7-1200; б - контроллер *Fastwell CPM* 902

Комплекс, имеющий многоуровневую иерархическую структуру, позволил объединить в единое информационное пространство разнородные системы заправки жидкими компонентами и криогенными компонентами; системы хранения компонентов топлива и термостатирования, системы обеспечения сжатыми газами, системы пожаротушения и др. Кроме того, в состав управляющего комплекса была интегрирована система электроснабжения, что обеспечило необходимое распределение электроэнергии с суммарной мощностью 1 МВт, управление мощными нагрузками и формирование резервированных линий питания.

В ИУК, на уровне реализации технологических алгоритмов, каждый из контроллеров получает данные от рабочих мест оператора (АРМ) и устройства связи с объектом (УСО), обрабатывает их по заданным алгоритмам и выдаёт соответствующие данные для отображения на АРМ и для управления на УСО. Централизованная обработка данных осуществляется на верхних уровнях управления вычислительными устройствами на базе встраиваемых процессорных плат с форм-фактором *CompactPCI* [14, с.114].

Для создания программного обеспечения АСУ ТО использовался разработанный в ЗАО «СКБ Орион» инструментальный комплекс, который не требовал навыков профессиональных программистов и языков программирования низкого уровня. Программирование и корректировка ПО системы управления в процессе наладки осуществлялись технологами-программистами, хорошо понимающими автоматизируемый технологический процесс и владеющими знаниями основ алгоритмизации.

Автономные испытания технологических систем и комплексные испытания стартового комплекса в целом показали высокую надежность и безопасность эксплуатации АСУ ТО. Это позволяет признать успешным опыт применения ПЛК для управления технологическими операциями на стартовом комплексе РН «Союз» в ГКЦ.

Принцип программного управления позволяет изменять алгоритм работы системы управления путем изменения управляющей программы, которая выполняется в ПЛК. Поскольку ПЛК представляет собой микро-ЭВМ, его программное обеспечение имеет много общего с программным обеспечением обычных компьютеров. Системное ПО таких ПК, разрабатываемое профессиональными программистами, состоит из комплекса программ для разработки прикладных программ (среды программирования) и среды исполнения (операционной системы), которая записывается в память контроллера при его выпуске.

Программное обеспечение разработки прикладных программ поставляется фирмой-производителем и обычно выполняется в виде программного комплекса с общим графическим пользовательским интерфейсом, открывающим доступ к функциональным модулям, например, встроенным редакторам языков программирования, коммуникациям, средствам отладки и др.

Поскольку главным требованием к ПЛК является их доступность для эксплуатации техническим персоналом, языки программирования компьютеров и встраиваемых процессорных плат плохо подходят для программирования ПЛК. Поэтому при разработке прикладных программ для ПЛК используются специализированные, проблемно- ориентированные, языки программирования, которые понятны пользователю, знакомому с основами аналоговой и цифровой автоматики, а также имеющему опыт работы в области информатики. Все языки программирования современных ПЛК предназначены специально для решения задач управления техническими объектами. Они позволяют производить арифметические вычисления наравне с логическими операциями, задавать значения таймеров и счетчиков, имеют лёгкий доступ к манипулированию битами в машинных словах, в отличие от большинства высокоуровневых языков программирования современных компьютеров.

Языки программирования ПЛК стандартизованы, они перечислены в стандарте IEC 61131. Это:

- язык лестничных диаграмм *(Ladder Diagram - LD)*;
- язык функциональных блоковых диаграмм *(Function Block Diagram - FBD)*;
- список инструкций *(Instruction List - IL)*;
- структурированный текст *(Structured Text - ST)* [1, с.54].

Первые два языка программирования *(LD и FBD)* являются графическими языками и могут использоваться даже пользователями со знаниями начального уровня. Программы, написанные на этих языках, напоминают релейно-контактные и структурные логические схемы, соответственно. При модернизации оборудования это позволяет специалистам упростить переход от «жесткой» аппаратной логики к программируемой логике.

Третий и четвертый языки *(IL и ST)* являются низкоуровневым и высокоуровневым языками, соответственно. Они предназначены для опытных пользователей.

Атрибутом АСУ ТП являются средства связи оператора с процессом: человеко - машинный интерфейс *(HMI - human-machine interface)*. К ним относятся кнопочные панели, текстовые дисплеи, панели оператора и сенсорные панели. Включение устройств HMI в проект осуществляется с помощью дополнительного прикладного ПО.

В условиях постоянного увеличения требований пользователя, требований рынка, а также требований, предъявляемых к производительности труда при необходимости сокращения общих затрат, производители ПЛК стремятся к созданию единой платформы для решения задач автоматизации во всех отраслях промышленного производства. Примером такого подхода явилась разработанная концерном *Siemens* концепция комплексной автоматизации *TIA (Totally Integrated Automation)* - основа открытого обмена данными и совместимости между множеством устройств, которая позволяет объединить их в единую систему автоматизации. Результатом является максимальная производительность на всех уровнях комплексной системы управления промышленным объектом, от полевых устройств до контроллеров и систем управления всем объектом. Программный продукт, предназначенный для комплексной проработки проекта автоматизации, включая интеграцию в проект средств *HMI,* получил название *TIA Portal.* Его применение позволяет решить все задачи автоматизации в одном программном проекте при существенном сокращении времени разработки, стоимости и объема работ.

Измерительные системы на базе контроллеров ЭМИКОН, а также модули связи с объектом, входящие в состав ПЛК, зарегистрированы в Государственном реестре средств измерения и допущены к применению в Российской Федерации. Семейство модулей DCS-2000 включает разные серии (М1, М2, М3). Контроллеры, построенные на базе модулей М3, используются в качестве центральных контроллеров, т.е. выполняют алгоритмы по управлению объектами автоматизации и используются в качестве сетевых контроллеров, обмениваются данными с модулями ввода-вывода.

В настоящее время фирмой «ЭМИКОН» разработан новый протокол информационного обмена между модулями центрального процессорного устройства и модулями УСО - EmiBus. С целью реализации данного протокола разработаны два новых модуля. Один из них - медиаконвертер МС-01А, содержащий оптические трансиверы. Модуль предназначен для сопряжения оптоволоконных линий связи с проводными. Второй модуль – сетевой С-44А, который обеспечивает опрос модулей УСО, рис.3.

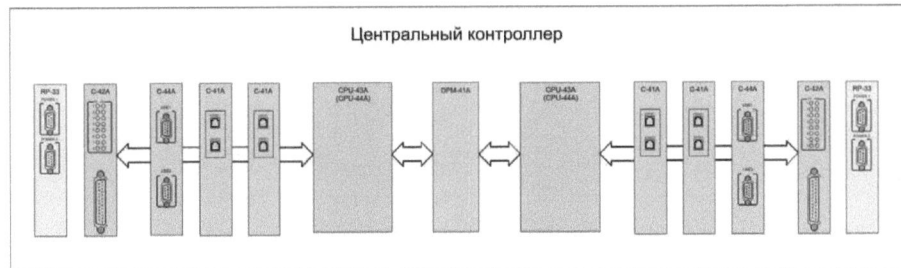

Рис. 3 – Резервируемый центральный контроллер с двухшинной организацией.

Таблица 2 – Технические характеристики модуля С-44А

Наименование параметра	Значение параметра
Тип интерфейсов	RS-485
Количество интерфейсных каналов RS-485	2
Максимальная скорость передачи данных, Кбит/с	921,6
Протокол обмена	EmiBus
Наличие индикации информационного обмена по интерфейсным каналам RS-485	есть
Системный интерфейс	Параллельная шина
Габаритные размеры, мм	140×120×40
Напряжение питания, В	18 - 36
Гальваническая изоляция между внешним системным источником питания и питанием модуля, В, не менее	1000
Масса модуля, кг, не более	0,4

Таблица 3 – Технические характеристики модуля МС-01А

Наименование параметра	Значение параметра
Типы интерфейсных каналов	RS-485, оптический
Количество интерфейсных каналов RS-485	1
Количество интерфейсных каналов оптических	2
Максимальная скорость передачи данных, бит/с	2304000
Тип оптического кабеля	многомодовый
Длина волны, нм	1310
Тип оптического соединителя	ST
Отношение диаметров сердцевины к	62,5/125

23

оболочке оптического кабеля, мкм	
Максимальное расстояние передачи данных по оптоволокну, км	2
Максимальная длина кабеля интерфейса RS-485 при скорости 2304000 бит/с, м	300
Габаритные размеры, мм	114×102×25
Напряжение питания, В	18 - 36
Ток потребления, мА, не более	80
Гальваническая развязка между внешним системным источником питания и питанием модуля, В, не менее	1000
Масса модуля, кг, не более	0,2

С помощью контроллеров, построенных на базе модулей, производимых компанией ЗАО «ЭМИКОН», можно создавать многоуровневые системы автоматизации без использования импортных изделий.

Контроллеры ЭМИКОН широко применяются в сложных и ответственных системах автоматики на предприятиях различных отраслей промышленности – нефтегазовой, нефтехимической, атомной, металлургической, ракетно-космической и др.

3. Лингвистический подход к проектированию систем автоматизации и управления.

Сущность лингвистического подхода к проектированию систем автоматизации и управления технологическим оборудованием заключается в следующем. Система автоматического управления, её структура, элементы, функционирование, внешние и внутренние связи и взаимодействия описываются, в том числе, и с использованием лингвистических средств (на соответствующем языке). Создаются средства автоматизации языкового описания и средства реализации языковых моделей. Применение методов теории синтаксического анализа, перевода и компиляции имеет следующие преимущества перед обычно принятым методом алгоритмического представления программно - математического обеспечения[2, с.123]:

- языковые преобразования на уровне трансляции или компиляции в достаточной мере формализованы и содержат в себе мощные средства отбора недопустимых (ошибочных) ситуаций на уровне лексики, синтаксиса и семантики;

- словарь входного языка является средством отображения функциональных возможностей процессорной системы управления, поэтому может быть положен в основу задания на проектирование, определяя вид и число контуров управления, количества аналоговых и дискретных датчиков информационных сигналов;

- формальные грамматики являются языками более высокого уровня по отношению к обычным языкам программирования, поэтому составление грамматик во много раз проще и быстрее в отладке, чем написание и отладка программ на этих языках.

Для задания грамматик требуется задать алфавиты терминальных и нетерминальных символов, набор правил вывода, а также выделить во множестве нетерминальных символов начальный. Итак, грамматика G определяется следующими характеристиками: $G = \{T, N, P, \alpha\}$, где:

- T – алфавит терминальных символов,
- N – алфавит терминальных символов,
- P – набор правил вида: «левая часть » → «правая часть», где:

  * «левая часть » – непустая последовательность терминальных и нетерминальных символов, содержащая хотя бы один нетерминальный,
  * «правая часть » – любая последовательность терминальных и нетерминальных символов,
  * → символ порождения.
- α – стартовый (начальный) символ грамматики.

По иерархии Хомского [2, с.76] грамматики делятся на четыре класса, каждый последующий является более ограниченным подмножеством предыдущего:

- тип 0, неограниченные грамматики - возможны любые правила,
- тип 1, контекстно-зависимые грамматики – левая часть может содержать только один нетерминал, окруженный контекстом; сам нетерминал заменяется непустой последовательностью символов в правой части,
- тип 2, контекстно-свободные грамматики – левая часть состоит из одного нетерминала,
- тип 3, регулярные грамматики – более простые, эквивалентные конечным автоматам.

В процессорных системах управления наиболее плодотворно применение автоматных грамматик.[9,с.12]. Рассмотрим, для примера, грамматику языка, определяющего подмножество битовых операций в инструкциях управления работой программируемого контроллера ПЛК 256. Контроллер предназначен для управления исполнительными органами технического объекта по определенным алгоритмам путем обработки данных о состоянии технических параметров, полученных посредством измерительных приборов в реальном масштабе времени [11,19].

Терминальный алфавит:

T ={0, 1, 2, 3, 4, 5, 6, 7, *, /, =, =/, R, S}

Нетерминальный алфавит:

{инструкция, оператор, операнд, число, цифра}

Правила:

1. Инструкция → операнд оператор
2. Операнд → * | / | = | =/ | R | S
3. Оператор → число
4. Число → цифра
5. Число → цифра число
6. Цифра → 0 | 1 | 2 | 3 | 4 | 5 | 6 | 7 |

Начальный нетерминальный символ:

Инструкция

Рассмотрим пример вывода инструкции битовой обработки «Проверка состояния нормально открытого контакта датчика, подключенного к вводу 10001 программируемого контроллера». Существование вывода для некоторого слова является критерием его принадлежности к языку, определяемому данной грамматикой. Конечная строка, в этом случае, полностью состоит из терминалов.

1. Инструкция → операнд оператор   (Правило 1)
2. Операнд → *   (Правило 2)
3. Оператор → число   (Правило 3)

4. Число → цифра число   (Правило 5)
5. Число → 1 число   (Правило 6)
6. Число → 0 число   (Правило 6)
7. Число → 0 число   (Правило 6)
8. Число → 0 число   (Правило 6)
9. Цифра → 1   (Правило 6)

Результат вывода грамматики это инструкция * 10001.

На последующих этапах проектирования процессорной системы управления разрабатываются трансляторы автоматных грамматик.

4. Методика разработки встроенного программного обеспечения.

Представим один из методов разработки встроенного программного обеспечения для программируемых логических контроллеров под названием Микроядро1, основанный на преобразовании критических участков кода в критические секции, с возможностью целостного исполнения кода процессов.

Примером использования Микроядра1 может послужить реализация задачи приема данных, их обработки и передачи этих данных, которая очень часто решается разработчиками ВПО. Данную задачу разобьем на пять последовательных этапов.

Этап 1. При приеме данных возникает прерывание, которому соответствует код ОП (рис. 4). По завершению выполнения ОП данные находятся в буфере приема. Процесс копирования данных в буфер обработки может занять продолжительное время, поэтому код копирования выполняется на отложенном ОТП.

Этап 2. При выполнении ОТП принятые данные будут скопированы в буфер обработки. По завершению этапа 2 будет запланирован ПП обработки принятых данных.

Этап 3. Этот этап состоит из вызова Директивы.

Этап 4. В теле Директивы принятые данные будут обработаны и скопированы в буфер передачи. Если во время выполнения Директивы произойдет прерывание, то ОП будет выполнен, а соответствующий ОТП встанет в очередь и выполнится по завершению выполнения кода Директивы.

Этап 5. Завершающее действие на уровне ПП — это передача данных. Достоинством реализации поставленной задачи служит то, что действия по приему данных и по их обработке разграничены, и выполнятся целостно на уровне ОТП и Директивы. При выполнении программного кода, начиная с 2-го и по 5-й этап — прерывания всем источникам разрешены, а значит время задержки на обработку источников прерываний сведено к минимуму. Код обработки кадра выполнен на уровне ПП приоритетно по отношению к Фоновой задаче, где функции выполняются последовательно. Недостатком данной реализации является наличие накладных расходов при выполнении функций Микроядра1.

Функции Использование Микроядра1 позволяет минимизировать время выполнения критических участков кода и ускорить реакцию системы на внешнее событие. Директива служит цели разграничения доступа к общему ресурсу, который используется несколькими процессами без использования семафоров.

Разработка встроенного программного обеспечения с использованием принципов Микроядра1 структурирует программный код, упрощает процесс отладки и уменьшает сроки разработки встроенного программного обеспечения при минимальных накладных расходах.

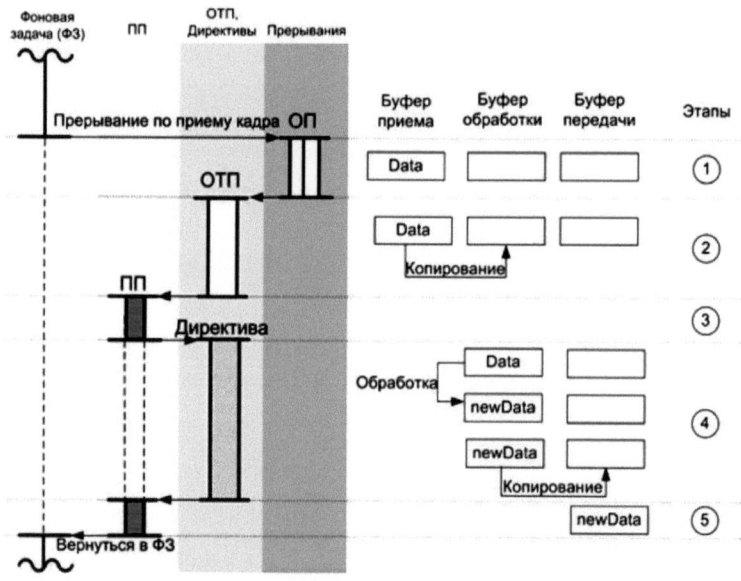

Рис. 4 – Реализация задачи приема и обработки данных с помощью Микроядра1.

Микроядро1 может быть использовано при создании встроенного программного обеспечения модулей программируемых логических контроллеров, решающих такие задачи, как измерение и выдача аналоговых и дискретных сигналов, а также задачи коммуникации для разного рода протоколов передачи данных.

В лаборатории электротехники и микроэлектроники Ямальского нефтегазового института филиала Тюменского государственного нефтегазового университета в городе Новом Уренгое разработаны и в течение нескольких лет тестируются методики проектирования рабочих программ управления узлами, агрегатами и механизмами технологического оборудования. В качестве базовых моделей контроллеров использовали ПЛК типа ОВЕН и ПЛК 256. Разработка, проверка, тестирование и отладка рабочих программ для контроллеров выполнялись в конкретных производственных условиях предприятий нефтегазовой отрасли. Полученный опыт синтеза и эксплуатации рабочих программ, а также результаты процесса обучения студентов по направлению подготовки 220700.62 «Автоматизация технологических процессов и производств» по профилю подготовки «Автоматизация технологических процессов и производств в нефтяной и газовой промышленности» (квалификация – бакалавр) свидетельствуют о необходимости создания и использования типовых структур процедур обработки сигналов. Основными элементами, например, процедуры обработки информации с датчиков осведомительных сигналов являются:

1. Старт.

2. Подготовка исходных данных.

3. Ввод информации.

4. Анализ состояния датчиков осведомительных сигналов. Если входной сигнал равен 1, то переход к пункту 6. Если входной сигнал равен 0, то переход к пункту 5.

5. Управление.

6. Синхронизация.

Рабочая программа, описывающая алгоритм управления техническим объектом, подразделяется на сегменты, начало каждого из которых определяется инструкцией НАЧАЛО СЕГМЕНТА. В свою очередь, каждый сегмент программы состоит из блоков. Начало каждого блока отмечается инструкцией НАЧАЛО БЛОКА. С учетом опыта проектирования рабочих программ целесообразно следующее распределение сегментов программ [10, с.47]:

- сегмент 00 – анализ блокировок и аварийных ситуаций;
- сегмент 01 – ручной (наладочный) режим работы технологического оборудования;
- сегмент 03 – автоматический режим работы;
- сегмент 04 – программы контроля и диагностики.

Рассмотрим тексты процедур основных рабочих программ, представляющих упорядоченную последовательность инструкций, каждая из которых имеет порядковый номер. Инструкция является наименьшей самостоятельной единицей программы управления. Управление действиями по выполнению отдельных циклов работы объекта управления могут быть содержимым отдельных блоков рабочей программы. Рассмотрим тексты программ элемента «Управление» (пункт 5 типовой процедуры).

Программа « RS триггер». Вход установки триггера 10001, вход сброса триггера 10002, выход 00001.

1. *	10001	3. *	10002
2. = S 00001		4. =R	00001

Программа включения электромагнита, выход модуля 00001, имеет вид:

1. *	10001	3. *	10003
2. /	10002	4. =	00001

Программа параллельного включения двух исполнительных органов (выходы модулей 00001 и 00002 соответственно) состоит из пяти инструкций:

1 *	10001	4. =	00001
2. /	10002	5. =	00002
3.*	10003		

Программа выключения двух электромагнитов исполнительных органов:

1 * 10001   4. = / 00001

2. / 10002   5. = / 00002

3.* 10003

Программа задания таймера счетчика с задержкой на включение на величину 105 секунд представлена ниже.

1. * 10003

2. ЗТС 012 0 0105

Программа подсчета времени предназначена для отсчета времени работы конкретного агрегата технологической установки. Счетчик секунд организован на слове 000, счетчик минут расположен на слове 001 и счетчик часов занимает слово 002.

1. НСТ 00	9. * 00016
2. НБЛ 00	10. ЗТС 001 6 0060
3. СТС 001	11. * 00116
4. СТС 002	12. СТС 001
5. СТС 003	13. ЗТС 002 6 0024
6. ПБЛ 01	14. * 00216
7. * / 00016	15. ЗТС 77
8. ЗТС 000 0 0060	16. НСТ 77

При выполнении последовательности инструкций, кодирующих некоторую релейно – контактную цепь, процессор присваивает внутренней бинарной переменной R (результат) состояние 0, если комбинация состояния переменных, определяющих состояние контактов цепи «запрещает» протекание тока по ней и состояние 1, если комбинация состояний этой переменных « разрешает» протекание тока по цепи.

Необходимо отметить, что применение данной методики допускает варьирование инструкции, блоков, модулей и сегментов рабочих программ для других типов ПЛК в зависимости от конкретной ситуации управления

33

конкретным технологическим процессом: технических характеристик объекта управления, параметров датчиков осведомительных сигналов и исполнительных органов.

5. Обоснование выбора технических средств автоматизации.

В настоящее время во всех продвинутых странах мира набирает силу четвертая «индустриальная» революция. Считается, что первые три промышленные революции произошли в результате механизации, электрификации и компьютеризации производства. Сейчас внедрение в производственную и другие сферы деятельности человека цифровых и информационно - коммутационных технологий (в частности, «интернета вещей и услуг»), применения новых материалов и робототехники, открывает эру четвертой промышленной революции. Техническое перевооружение предприятий различных форм собственности в этих условиях невозможно без использования систем водоснабжения. Под системой водоснабжения понимается совокупность мероприятий по обеспечению водой населения, промышленности, транспорта, сельского хозяйства и населения [4, с. 23]. Вне зависимости от типа системы водоснабжения (централизованная и децентрализованная) необходимо обеспечить водой одну или несколько точек водоразбора путем организации водопровода, представляющего собой комплекс инженерных сооружений, с помощью которого проводятся забор воды из источника. Для управления главной функцией насосной станции — подачей воды — предназначены различные технические средства автоматизации, от которых зависят эффективность и надежность эксплуатации станции. В связи с этим одним из наиболее ответственных этапов проектирования насосной станции является выбор типов и технических характеристик средств автоматизации с учетом параметров и особенностей объекта управления и удобства эксплуатации и обслуживания. Для решения этой задачи необходимо:

- ознакомиться с основным энергетическим оборудованием,
- определить состав и тип входных и выходных параметров объекта управления;

- определить параметры первичных преобразователей информации;

Насосная станция размещена в машинном зале и включает следующее оборудование:

- резервуар для промышленной воды;
- три насоса, выкачивающие воду из резервуара для промышленной воды;
- дренажный приямок;
- два насоса, предназначенные для выкачивания воды из приямка в аварийном режиме;
- один насос, необходимый для постоянного выкачивания воды из приямка.

В процессе наладки, эксплуатации, технического обслуживания и ремонта механического и другого оборудования насосной станции необходимо контролировать и измерять:

- температуру воды в напорном коллекторе разных типов насосов;
- температуру в подшипниках насосов;
- давление воды в патрубках насосов;
- уровень воды в резервуаре промышленной воды;
- уровень воды в дренажном приямке;
- уровень воды в машинном зале (в случае аварии).

Рассмотрим подробнее выбор первичных преобразователей для каждого компонента объекта управления – насосной станции.

В резервуар промышленной воды через сливной патрубок постоянно подается вода, поэтому для устранения перелива необходимо излишки воды постоянно откачивать. Насосы начинают откачивать воду при достижении уровня $L = 3,3$ м от дна резервуара. Выключаются насосы при достижении минимального уровня $L = 1,24$ м или в случае затопления машинного зала. Поэтому в резервуар промышленной воды необходимо установить уровнемер (рис.1.а) и сигнализатор уровня (рис.1.б), который выдает сигнал в случае достижения аварийного уровня воды ($L = 3,6$ м).

а)   б)

Рис. 1. а) Уровнемер;   б) Сигнализатор уровня.

Насосные   агрегаты   станции   оснащены   встроенными   датчиками, измеряющими температуру в подшипниках. Максимально допустимое значение составляет $T = 105°C$. [4,c.45]. На рис. 2 показаны схематичные изображения насоса и встроенного датчика температуры.

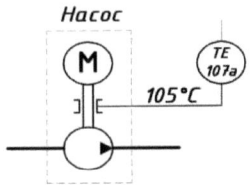

Рис. 2.   Насос со встроенным датчиком температуры.

В качестве запорной арматуры насосной станции используются задвижки и обратные клапаны. Опыт эксплуатации насосных станций показывает целесообразность их установки на трубопроводах рядом с насосами. Изображение обратного клапана и задвижки приведено на рис. 3.

а)   б)

Рис.3. а) Обратный клапан;   б) Задвижка.

Дренажный резервуар предназначен для сбора случайных стоков. Вода из этого резервуара выкачивается при помощи насосов, которые также включаются в зависимости от уровня воды в этом резервуаре. Методики выборов датчиков уровня дренажного резервуара и резервуара промышленной воды аналогичны.

Конструктивно машинный зал выполнен в виде резервуара - помещения, в котором установлено электромеханическое оборудование. Затопление этого помещения, в случае аварии, может привести к несчастным случаям и травмам персонала насосной станции. Поэтому в машинном зале также необходимо контролировать уровень воды. Для этого устанавливаются два сигнализатора уровня: $L = 0,48 \, м$ и $L = 0,7 \, м$.

Датчики давления предназначены для контроля давления воды в трубопроводах. В соответствии с техническим заданием предусмотрены контроль и измерение давления:

- в трубопроводах, расположенных в насосной станции;
- в напорных патрубках каждого из насосов;
- в напорном коллекторе насосов.

При этом необходимо использовать датчики для контроля по месту (на конкретном оборудовании) и датчики для автоматического и (или) дистанционного управления - датчики с электрическим выходом. Изображение применяемых датчиков показано на рис. 4.

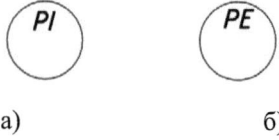

а)   б)

Рис. 4 а) Показывающий датчик; б) Датчик давления с электрическим выходом.

Система автоматизации насосной станции обеспечивает также контроль и регистрацию значения расхода воды. Место установки первичного преобразователя - расходомера - напорный трубопровод. Изображение расходомера показано на рис.5.

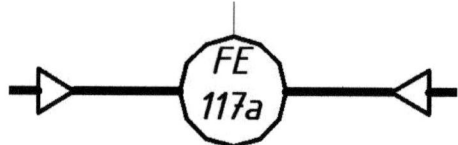

Рис. 5 Расходомер.

Одним из основных условий нормальной эксплуатации насосной станции является температура воды в блоке водоподготовки. Температура воды измеряется в напорном трубопроводе. Устройство индикации температуры воды должно располагаться вблизи от места измерения для удобства работы оператора, а также текущие показания температуры должны дублироваться на панели дистанционного управления диспетчера. Поэтому, как и в случае с датчиками давления, принимаем к использованию два типа первичных преобразователей: показывающий (рис. 6.а) и с электрическим выходом (рис.6б).

а)   б)

Рис.6. а) Показывающий датчик температуры; б) Датчик температуры с электрическим выходом.

Заключительным этапом выбора технических средств автоматизации является вычерчивание функциональной схемы автоматизации насосной станции и оформление технической документации в соответствии с требованиями стандартов и ГОСТ [5,6].

6. Перспективы развития систем автоматизации и управления.

Таким образом, современный уровень развития промышленных ПЛК и их программного обеспечения позволяют с уверенностью утверждать, что ПЛК могут с успехом применяться для автоматизации технологических операций на космических СК. Использование в построении АСУ ТО программируемых контроллеров отечественного производства показало, что они вполне могут конкурировать с ПЛК зарубежных производителей. В то же время это не должно закрывать применение в АСУ ТО отечественных СК и программируемых контроллеров зарубежного производства. Некоторым тормозом в их использовании может стать бытующее мнение, что на отечественных объектах оборонного назначения должны применяться изделия исключительно отечественной вычислительной техники. Это мнение представляется необоснованным, так как при создании вычислительных и периферийных устройств систем управления используются преимущественно зарубежные модули и электронные компоненты. В то же время, современные методы защиты информации позволяют гарантировать необходимый уровень безопасности.

Анализ сложившейся ситуации и предпочтений потребителей позволяет выделить несколько оптимальных путей развития «контроллеростроения» в нашей стране.

Первый и наиболее общий путь для всех производителей – повышение конкурентоспособности отечественных разработок. Для этого необходимы следующие меры:

- расширение серий выпускаемых контроллеров, объединённых единой концепцией построения и программным обеспечением, но различающихся по вычислительной мощности;

- изменение подхода к поддержке интерфейсов связи. В состав контроллера должны входить модули поддержки основных современных промышленных интерфейсов связи; в течение всего жизненного цикла контроллер должен дополняться новыми интерфейсами;

- большая интеллектуальная специализация отдельных модулей контроллера. В контроллер должны входить модули, которые позволяют автономно реализовывать некоторые функции, связанные с управлением процессами (например, модули, реализующие регулирование на основе, как стандартных алгоритмов, так и нетрадиционных подходов, например, нечёткой логики (fuzzy logic), нейронных сетей и т.п.);

- использование в качестве системы программирования стандарта IEC 611313 и переход в дальнейшем на современные стандарты;

- комплектация контроллеров готовыми примерами реализации некоторых функций;

- создание ясной и подробной документации;

- создание и постоянное развитие инструментальных средств, позволяющих заказчикам наиболее эффективно использовать заложенный в контроллер потенциал.

Второй путь – выделение определённых отраслей (достаточно широкого класса заказчиков), для которых будут адаптироваться все или некоторые модели контроллеров. В этом случае производитель контроллеров должен в полной мере удовлетворять все требования конкретного заказчика, реализовывать в своей продукции конкурентные преимущества, необходимые только для этого потребителя и отсутствующие у других производителей.

Таким образом, достигается нужный уровень конкурентоспособности, однако при этом утрачивается универсальность контроллера. При выборе этого пути производитель должен предпринимать следующие меры:

- разрабатывать уникальные решения, необходимые только определённому классу заказчиков, но при этом максимально полно удовлетворять требованиям определённого класса технологических объектов;

- разрабатывать готовые алгоритмы и функциональные блоки, реализующие определённые алгоритмы, и комплектовать ими контроллеры;
- проводить стыковочные испытания с определённым оборудованием.

Заключение.

Оптимальные направления в развитии систем автоматизации и управления технологических процессов и производств на базе программируемых контроллеров представляются автору следующим образом:

- прежде всего, программируемый логический контроллер должен полностью соответствовать принципам открытости, т.е. поддерживать стандартные и наиболее востребованные возможности;

- чтобы ПЛК выгодно отличался от других, он должен обладать некоторыми уникальными и полезными особенностями, позволяющими превзойти конкурентов;

- должно постоянно контролироваться интегральное качество производимой продукции (под ним подразумеваются как технические параметры надёжности оборудования, так и качество программного обеспечения самого контроллера и всех сервисных средств, необходимых для работы с ним);

- при производстве и сбыте продукции должна непрерывно поддерживаться обратная связь с потребителями. Конструкцию контроллера необходимо постоянно совершенствовать, повышая его надёжность, удобство создания управляющих систем и простоту обслуживания.

- формирование конфигурации по желанию пользователя для комбинационного управления логическими схемами специфических агрегатов – механических, электрических, гидравлических, пневматических и электронных.

- расширение номенклатуры модулей для подключения: дискретных и аналоговых входов – выходов; цифро-аналоговых и аналого-цифровых преобразователей по напряжению и току; входов термопар и термосопротивлений и последовательных интерфейсов.

- применение универсальных типовых процедур в процессе проектировании управляющих программ для реализации задач управления: опрос датчиков осведомительных, аварийных и блокировочных сигналов, прием сигналов, нормализация параметров сигналов, их обработки, хранения и передачи данных в соответствие с протоколами обмена.

Список литературы

1. Автоматизированная система поддержания заданных условий транспортирования космических аппаратов к месту старта / Е. Песляк, Г. Творонович// СТА. 2007. №3. С. 50 - 55.

2. Ахо А., Ульман Д. Теория синтаксического анализа и перевода (пер. с англ.) / Под ред. Курочкина. – М.: Мир, 1978. – 612с.

3. Бирюков А.П., Евсеев А.А., Борисов С.А. Современные технологии обучения //Автоматика, Связь, Информатика. №11, 2011.

4. Будов В.М. Судовые насосы. Справочник. – М.: Судостроение, 2004. – 342с.

5. ГОСТ Р 518402001 (МЭК 611131192).

6. ГОСТ 2.701 - 91 [СТ СЭВ 2182 - 91]. Обозначения буквенно – цифровые в электрических схемах. – М.: Изд – во стандартов, 2008 . – 213с.

7. Дорохов А.Н., Керножицкий В.А., Миронов А.Н., Шестопалова О.А. Обеспечение надежности сложных технических систем. 2-е изд. – М.: Изд-во «Лань», 2011. – 352 с.

8. Зорина Т.Ю., Чернышева Т.Ю. Риски ИТ-проектов и методы их оценки// Труды Северо-Кавказского филиала Московского технического университета связи и информатики. 2013. №1. С. 115-118.

9. Латышев В.А. Расширение функциональных возможностей токарных станков с ЧПУ использованием принципов оперативного управления. Автореф. дис. канд. техн. наук. – М, 1981. – 21с.

10. Латышев В.А. Реализация междисциплинарных исследований в процессе проектирования автоматических систем управления // Технические науки – от теории к практике. Сборник статей по материалам XXXIX международной научно-практической конференции, г. Новосибирск, 22 октября 2014. – С. 172-179.

11. Нестеров В.В. Компьютерное обучение на основе типового класса // Автоматика, Связь, Информатика. №1, 2012.

12. Овчинников С.А. Управление проектом по разработке программного обеспечения с целью повышения качества на основе анализа проектных рисков// Известия Волгоградского государственного технического университета. 2013. Т. 16.№8 (111). С. 67-71.

13. Парр Э. Программируемые контроллеры: руководство для инженера / Э. Парр; пер. 3-го англ. изд. - М.: БИНОМ. Лаборатория знаний, 2007. 516 с.

14. Раков, В.И. Программный инструментарий информационных систем сверхбыстро-действующих вычислительных средств управления: монография / В.И. Раков, О.В. Захарова. – Орёл: ФГБОУ ВПО «Госуниверситет – УНПК», 2013. – 506 с.

15. Сидоров, А.В. Программируемые логические контроллеры: методические рекомендации к практическим занятиям / А.В. Сидоров; Бузулукский гуманитарно-технолог. ин-т (филиал) ОГУ. Бузулук: БГТИ (филиал) ОГУ, 2012. – 15 с.

16. Технологические объекты наземной инфраструктуры ракетно-космической техники / Инженерное пособие, книга 3; под ред. И.В. Бармина. - Москва, 2012. 251 с.

17. Чернышева Т.Ю., Удалая Т.В. Оценка риска проекта информатизации на основе продукционных правил// Научное обозрение. 2013. №5. С. 169-172.

18. Наземная инфраструктура / Система эксплуатации. Состояние и перспективы развития. - URL: http://www.sovkos.ru/cosmos/information/561.html.

19. Ящура А.И. Система технического обслуживания и ремонта энергетического оборудования: ЭНАС, 2008. - 504 с.

20. Chernysheva T. Y. Preliminary risk assessment in it projects // Applied Mechanics and Materials. - 2013 - Vol. 379. - p. 220-223.

21. Automation Systems for Discrete Industries Worldwide. Five year market analysis and technology forecast through 2011. http://www.arcweb.com /StudyBrochurePDFs/ Automation Systems Discrete.pdf. (дата обращения 20.05.2013).

22. http://www.arcweb.com/Research/Studies/Pages/default.aspx. (дата обращения 12.09.2013).

23. PLC History. - URL: http://www.plcs.net/ chapters/ history2. htm. (дата обращения 19.09.2014).

24. Programmable Logic Controller Worldwide Outlook. Five year market analysis and technology forecast through 2011. http://www.arcweb.com/StudyBrochurePDFs/Study_PLC_ww.pdf. (дата обращения 5.11.2014).

25. SIMATIC Industrial Automation Systems. - URL: http://www.automation.siemens.com/mcms/automation/en/Pages/Default.aspx (дата обращения 12.12.2014).

Обзор функциональных возможностей

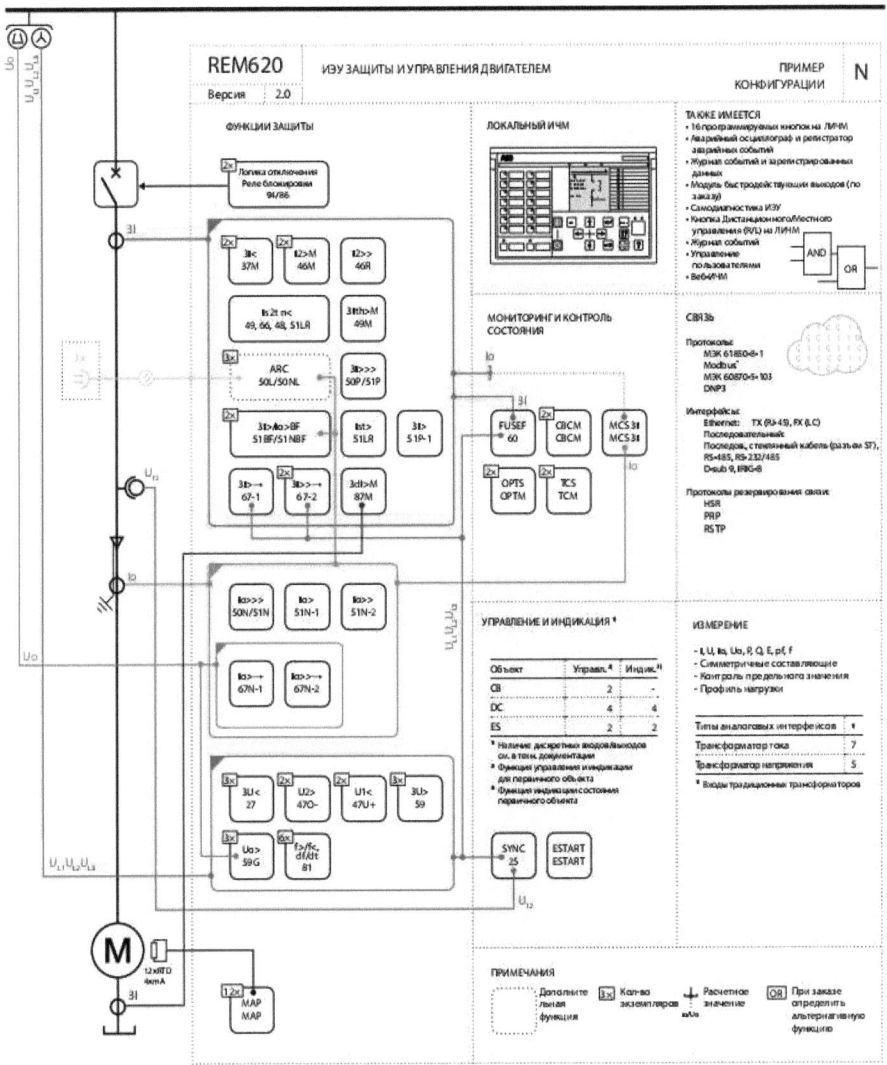

Специальная подстанция для двигателя с различными методами пуска, объединенными в одном распределительном устройстве

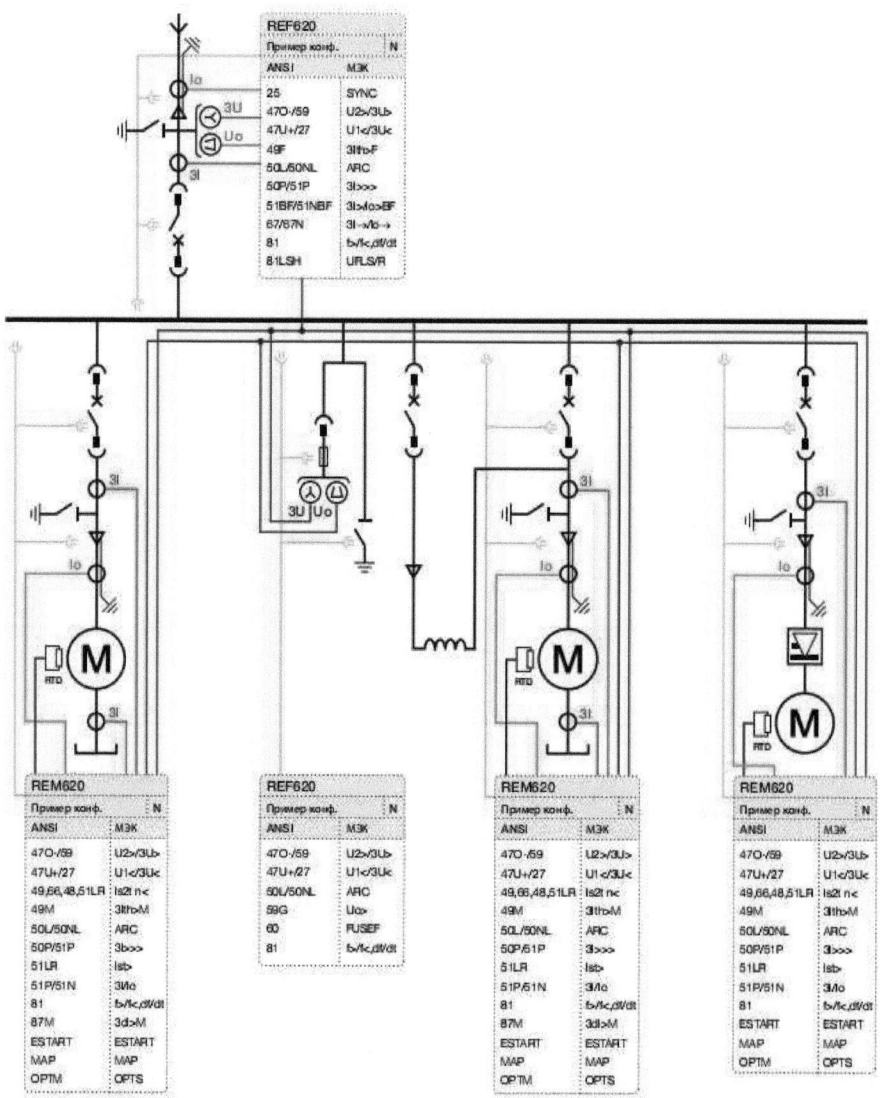

Прямой пуск под нагрузкой, когда двигатель подключается

непосредственно к распределительному устройству среднего

Напряжения

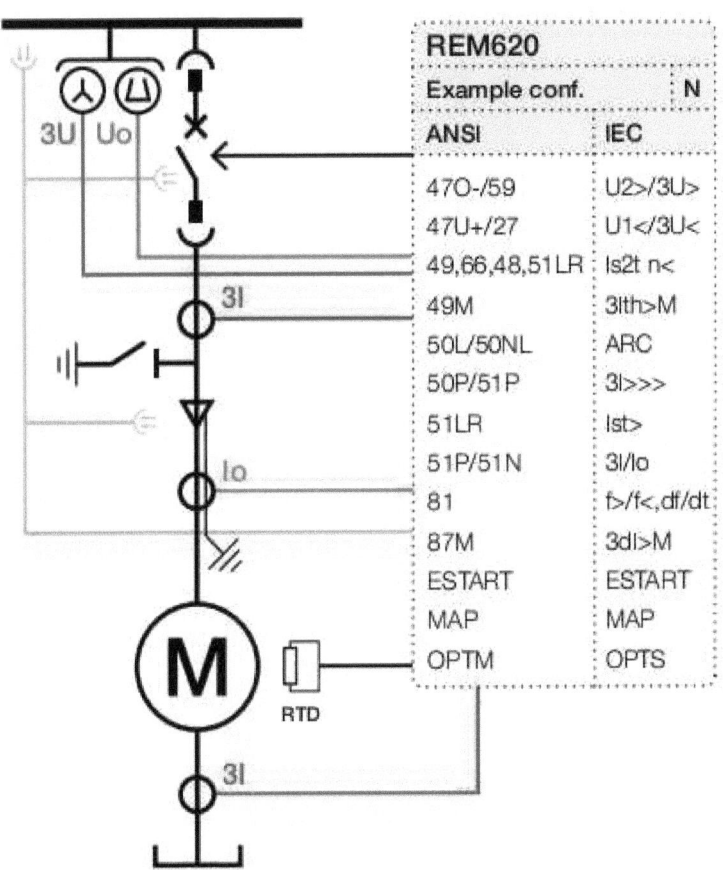

Пуск двигателя через дроссель, что снижает пусковой ток двигателя, проходящий через реактор, и помогает справиться с потоком нагрузки в сети среднего напряжения

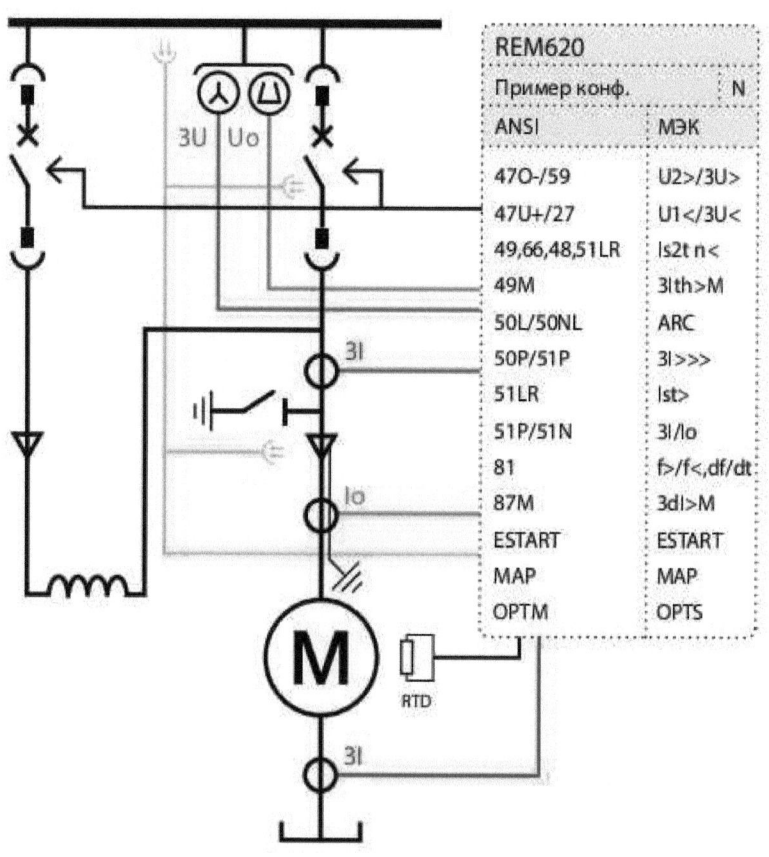

Приложение 4

Метод пуска двигателя через частотно-регулируемые приводы VFD, которые упрощают управление и оптимизируют Энергопотребление

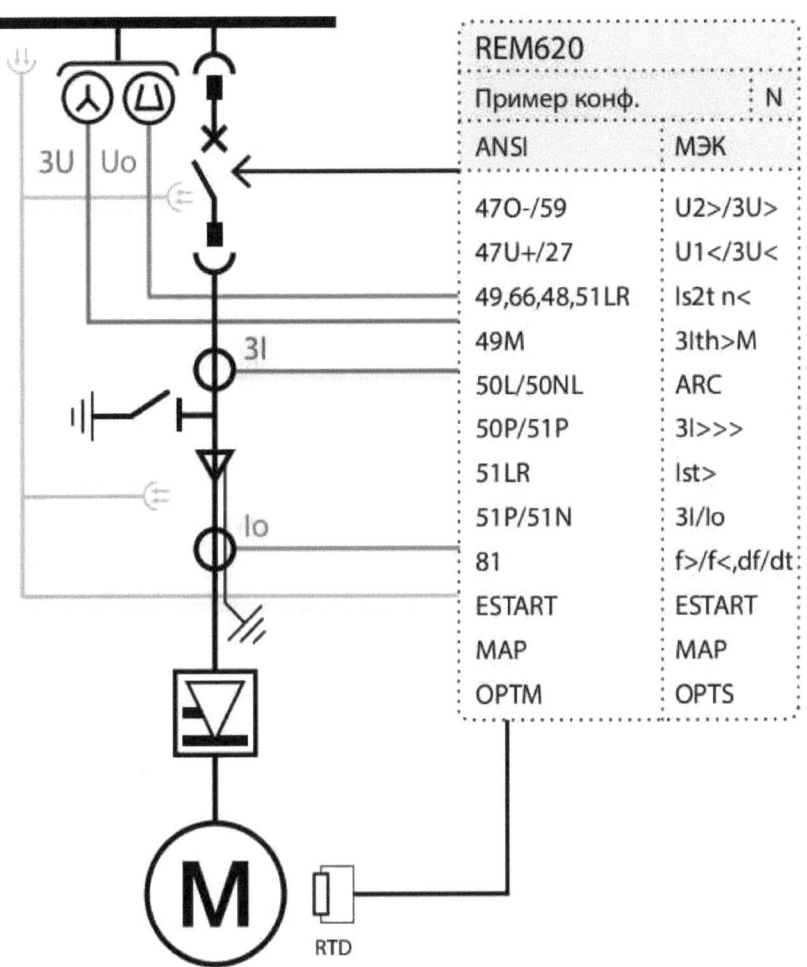

RTD

REM620		
Пример конф.		N
ANSI	МЭК	
47O-/59	U2>/3U>	
47U+/27	U1</3U<	
49,66,48,51LR	Is2t n<	
49M	3Ith>M	
50L/50NL	ARC	
50P/51P	3I>>>	
51LR	Ist>	
51P/51N	3I/Io	
81	f>/f<,df/dt	
ESTART	ESTART	
MAP	MAP	
OPTM	OPTS	

3U   Uo

3I

Io

M